本書で扱う地域と野鳥

　本書で扱っている地域は、東京都の南西部、八王子市と日野市域です。まずは、この地域の特徴と環境別に見られる野鳥を紹介します。野鳥は何も特別な場所にいるのではありません。あなたの身近な場所で、いつでも観察することができます。ゆったりと歩きながら、野鳥との出会いをお楽しみください。

◆山　地

　最もポピュラーな高尾山から城山、陣馬山があり、西端の醍醐丸から今熊山へと峰が続いています。これらの山々では、広葉樹、針葉樹などによって多様な森林が形成されています。夏季、渓流沿いの道を歩くと、オオルリの美しいさえずりが聞こえます。静かな山の中での鳥との出会いは格別です。

◆丘陵地

　山地からは多摩丘陵をはじめ多くの丘陵が延び、末端には日野台地が開けています。標高の低い丘陵地は里山と呼ばれ、クヌギやコナラを中心とした明るい林が広がり、年間を通してシジュウカラやエナガが暮らしています。自然公園として整備されているところも多く、散策しながら野鳥観察が楽しめます。

◆河　川

　八王子市西部の山々を水源とする浅川は、川口川、湯殿川などの支流を合わせ、日野市で多摩川に合流します。多摩川は八王子市・日野市の北東側を流れ、支流の谷地川、程久保川などと合流します。カワセミをはじめ、カモ類などの水辺を好む野鳥を観察できる河川は鳥を探しやすく、初心者でも楽しめます。

◆農耕地（水田・畑地）

　田んぼや畑にも野鳥は生息しています。春、鳥であるカルガモやサギ類などが餌を探しにかけてハシボソガラスやモズが餌を探す姿が見園地帯での観察は趣があります。

JN055424

◆住宅地・市街地

　住宅地や駅を中心とした市街地、小さな公園でも様々な野鳥を観察できます。春になると、繁殖のためにツバメが南方から渡ってきます。公園の樹木には花の蜜を求めてメジロが飛来し、地面ではのんびりと餌をとるキジバトの姿が見られます。日常生活の中でも気軽にバードウォッチングが楽しめます。

※取り上げた野鳥について
●当地では、これまで外来種も含めて約270種の野鳥が記録されています。
●本書では主な野鳥100種を取り上げましたが、これまで当地で記録された野鳥の全リストは八王子・日野カワセミ会のホームページにアクセスすることで見ることができます。（→P75参照）

身近な野鳥を探してみよう
── 八王子・日野市域で見られる鳥たち ──

いつでも
どこでも
バード
ウォッチング♪

▲	… 山
▬	… 川
▬▬	… JR線
───	… 京王線
●	… 公園
▨▨▨	… 国道
	… 八王子市
	… 日野市

▲ 今熊山

川口川

北浅川

▲ 醍醐丸

南浅川

▲ 陣馬山

高尾駅

▲ 城山

高尾山口駅

▲ 高尾山

湯殿川

山 地
クロツグミ、サンコウチョウ、ミソサザイ、マヒワ など

オオルリ（→P39）

丘陵地
シジュウカラ、キビタキ、ルリビタキ、トラツグミ など

エナガ（→ P26）

農耕地　モズ、カルガモ、ハシボソガラス、タヒバリ　など

アオサギ (→ P57)

河　川　ダイサギ、イソシギ、セグロセキレイ、カルガモ　など

カワセミ (→ P63)

多摩川

谷地川

小宮公園

⑯

黒川清流公園

⑳

浅川

高幡不動駅

豊田駅

程久保川

八王子駅

長沼駅

片倉城跡公園

長沼公園

⑯

南大沢駅

長池公園

市街地　ツバメ、キジバト、メジロ、ハクセキレイ　など

イソヒヨドリ (→ P36)

※種類ごとの主な生息環境は、それぞれの解説文に詳しく載っています

本書の使い方

本書では、主に前半（P6～）に山野で見られる鳥、後半（P52～）に水辺で見られる鳥、及び外来種を載せています。また、似ている種については比較ができるよう、できるだけ見開きのページに掲載しました。

❶ オオルリ 大瑠璃 Blue-and-white Flycatcher ［スズメ目ヒタキ科］

| 1 | 2 | 3 | 4 | 5 | 6 | 7 | 8 | 9 | 10 | 11 | 12 |

❷ □山地 Ⓐ

全長：16.5cm Ⓑ

複雑な節回しでピーリーリー・ポイ・ヒーピピ・ピールリ・ジェッ ジェッなど Ⓒ

オス

メス

❹ 美声とブルーの夏鳥スター

夏季、主に山地の渓流沿いの林に渡ってきて繁殖する、スズメより少し大きい鳥。渡りの頃は都市公園でも見られることがあります。オスは頭から背、尾までが鮮やかな青色、喉から胸は黒色、腹は白色。メスは頭から背にかけて茶褐色です。オスは沢筋の目立つ木のてっぺんに止まり、よく通るきれいな声でさえずります。「八王子市の鳥」に選定されています。

❶鳥の名前・分類／主に観察される時期

その種の和名と代表的な漢字表記及び英名、分類上の区分名（目・科）を記載しています。

下欄の濃く色づけされている部分（月）は、当地で主に観察される時期を表しています。

❷鳥の特徴

Ⓐ主に観察される環境

主な生息環境を当地で観察しやすい順番に３つまで載せています。

Ⓑ大きさ

全長を大まかな数値で表しています。飛んでいる姿を観察することが多い種については翼開長も載せてあります。なお、オスメスで大きさが異なる種はそれぞれの数値を載せています。

Ⓒ鳴き声

当地で主に聞かれる鳴き声をカタカナで表記してあります。

❸写　真

当地において、その種の特徴がわかるような写真を選びました。基本的には羽色が鮮やかなオスの写真を掲載し、飛んでいる姿を観察することが多い種は飛翔写真を載せています。また、メスや幼鳥などで羽色が異なるもの、その種の特徴的な行動や生態の写真を載せたものもあります。適宜、オスメス、幼鳥などの区別、行動や習性の呼び方などがわかるようキャプションもつけました。

❹解説文

その種の特徴をキャッチコピーで表現した上で、当地における生息時期、生息環境、識別のポイントとなる大きさや形態の特徴、食性や行動などを簡潔に記しています。

※和名及び英名、分類は「日本鳥類目録 改訂第７版」に準拠しています。
※主な種の鳴き声は右下のＱＲコードからスマートフォンなどでカワセミ会ホームページにアクセスすることにより聴くことができます。（P75参照）

□丘陵地　□河川　□農耕地 ┃ **繁殖期にケッケッケェーン**

全長：〈オス〉80cm、〈メス〉60cm

オス

▲ほろ打ち

メス

意外と身近な日本の国鳥

河原や畑などで1年中見られる大型の鳥で、日本の国鳥になっています。オスは赤い顔と紫色や緑色の目立つ羽、長い尾が特徴で、メスは全身地味な茶色をしています。春になると、オスが「ケェーン」という大きな声で鳴くので、その存在に気がつきます。また、オスが少し小高い場所で激しく羽ばたきをして、ほろ打ちと呼ばれる縄張り宣言をする姿を見ることがあります。

ヤマドリ 山鳥
Copper Pheasant

キジ目キジ科

| 1 | 2 | 3 | 4 | 5 | 6 | 7 | 8 | 9 | 10 | 11 | 12 |

□山地

全長：〈オス〉125cm
　　　〈メス〉52.5cm

低い声でククク

オス

尾の長い大きな山の鳥

山地で1年中生活していますが、出会う機会はなかなかありません。日本の固有種です。体の大きさはキジくらいで、オスの尾はとても長く1m近くになるものもいます。オスメスとも赤みがかった茶色ですが、オスは赤みが強いです。メスはキジのメスと似ていますが、キジには赤みがないことで区別ができます。

キジバト 雉鳩
Oriental Turtle Dove

ハト目ハト科

| 1 | 2 | 3 | 4 | 5 | 6 | 7 | 8 | 9 | 10 | 11 | 12 |

□市街地　□丘陵地
□山地

全長：33cm

デデッポッポー

のどかな声で鳴く身近なハト

市街地から山地まで1年中見られます。オスメス同色で、全身は茶色がかっており、首には目立つしま模様があります。1羽から数羽でいることが多く、首を前後に動かしながら歩いて地面の餌をとります。繁殖できる期間は長く、民家の庭木でも巣づくりする様子が見られることがあります。

アオバト
緑鳩
Japanese Green Pigeon

ハト目ハト科

| 1 | 2 | 3 | 4 | 5 | 6 | 7 | 8 | 9 | 10 | 11 | 12 |

オス

□山地

全長：33cm

ゆっくりとしたテンポでアオー・アオー

山で見られる緑色のハト

1年を通して主に山地で見られます。キジバトと同じくらいの大きさで、オスメスとも全体に緑色ですが、オスの翼は赤味を帯びています。特徴的な声で存在に気づくことが多いですが、姿を見ることはあまりありません。初夏から秋にかけては、海辺に出て海水を飲む習性が知られています。

ホトトギス
杜鵑
Lesser Cuckoo

カッコウ目カッコウ科

| 1 | 2 | 3 | 4 | 5 | 6 | 7 | 8 | 9 | 10 | 11 | 12 |

□丘陵地　□山地

全長：27.5cm

キョッキョ・キョキョキョキョ

聞きなしは「特許許可局」

夏鳥として丘陵地や山地の林に渡ってきます。ヒヨドリくらいの大きさで、オスメス同色です。頭や翼は黒っぽい灰色、胸から腹にかけて白黒の細い横斑があります。特徴的な声で飛びながら鳴くことも多いです。主にウグイスの巣に托卵し、子育てをさせる習性があります。

ツツドリ
筒鳥
Oriental Cuckoo

1	2	3	4	5	6	7	8	9	10	11	12

□山地

全長：32.5cm

ポポッ・ポポッ…

鳴き声は筒を
たたくような声

夏鳥として山地に渡来します。オスメス同色で、胸から腹にかけて白黒の横斑があります。ホトトギスによく似ていますが、ホトトギスより体は大きいです。主にセンダイムシクイに托卵します。秋の渡りの季節には、市街地の公園で見られることもあります。

ト　ビ
鳶
Black Kite

1	2	3	4	5	6	7	8	9	10	11	12

□山地　□市街地
□河川

全長：〈オス〉59cm
　　　〈メス〉69cm
翼開長：157～162cm

ピーヒョロヒョロヒョロ

大空に輪を描く普通のタカ

1年を通して山地や河川などに生息するカラスより大きい身近なタカです。街中でも翼を広げて大きく輪を描きながら飛ぶ姿が見られます。オスメス同色で、全体的に濃い茶色です。飛んでいるときは尾羽が三味線のバチ形に見えます。雑食性で、死んだ魚などをついばんでいる姿を見ることがあります。

ツ ミ
雀鷹
Japanese Sparrowhawk

タカ目タカ科

| 1 | 2 | 3 | 4 | 5 | 6 | 7 | 8 | 9 | 10 | 11 | 12 |

オス ／ メス

□市街地　□丘陵地

全長:〈オス〉27cm
　　　　〈メス〉30cm
翼開長:52〜63cm

甲高い声でピョー
ピョピョピョ

街の公園でも子育てするタカ

主に夏季、平地から丘陵地の林などで見られる小さなタカです。市街地の公園や
道路沿いの木などでも営巣します。オスはヒヨドリくらい、メスはキジバトくら
いの大きさです。オスは胸から脇にかけて、薄く赤味がかっていますが、メスは
白色で細い横斑があります。目の色はオスは赤く、メスは黄色です。

ノスリ
鵟
Common Buzzard

タカ目タカ科

| 1 | 2 | 3 | 4 | 5 | 6 | 7 | 8 | 9 | 10 | 11 | 12 |

□山地　□河川

全長:〈オス〉52cm
　　　　〈メス〉57cm
翼開長:122〜137cm

ピーエー、ピーヨー
など

ずんぐり体型のタカ

主に冬季に山地や河川などで飛んでいる姿を見ることが多いタカです。カラスと
同じくらいの大きさで、空を飛んでいるときは腹の黒っぽい帯と翼の中ほどにあ
る黒い斑が特徴です。止まっているときは、頭が丸くずんぐりして見えます。少
数が山地で繁殖しています。

オオタカ

蒼鷹
Northern Goshawk

1	2	3	4	5	6	7	8	9	10	11	12

□丘陵地　□河川

全長：〈オス〉50cm、〈メス〉57cm
翼開長：106〜131cm

鋭い声でキィーッ・キィキィキィ
キィ、ケッケッケッ…など

成鳥

幼鳥

白く太い眉、眼光鋭いタカ

カラスほどの大きさのタカで1年を通して見られ、平地から丘陵地の林・河川な
どに生息し、繁殖もしています。オスメスほぼ同色ですが、体はメスがやや大き
いです。目先から後ろに太く黒い帯があり、白い眉のような模様が目立ちます。
頭から背にかけては黒っぽく、胸から腹は全体的に黒い横斑があります。幼鳥は
全身褐色で、胸から腹にかけては縦斑です。

ミサゴ 鶚 Osprey

タカ目ミサゴ科

| 1 | 2 | 3 | 4 | 5 | 6 | 7 | 8 | 9 | 10 | 11 | 12 |

□河川

全長：〈オス〉58cm、〈メス〉60cm
翼開長：147〜169cm

ごく稀にピヨッ

魚大好き、白さが目立つタカ

見られる機会は少ないですが、秋から春にかけて河川に飛来します。トビくらいの大きさで、オスメス同色。背中は濃い茶色、頭や喉から腹にかけての白色が目立ちます。魚を主食とし、川などでホバリングをしながら獲物を探し、足から飛び込んで魚を捕まえる様子も見られます。

サシバ 差羽 Grey-faced Buzzard-eagle

タカ目タカ科

| 1 | 2 | 3 | 4 | 5 | 6 | 7 | 8 | 9 | 10 | 11 | 12 |

□丘陵地　□山地

全長：〈オス〉47cm
　　　〈メス〉51cm
翼開長：103〜115cm

ピックイー

渡りをする代表的なタカ

トビよりやや小さい中型のタカです。背面は赤褐色で、腹には細かい横斑があります。喉は白く、中央に黒い縦線があります。主に春と秋の渡りの時期に見られます。特に9月中旬から10月上旬の天気の良い日には、南に向かう群れが上空を通過する様子が観察されます。

チョウゲンボウ

長元坊
Common Kestrel

ハヤブサ目ハヤブサ科

1	2	3	4	5	6	7	8	9	10	11	12

□市街地 □河川

全長：〈オス〉33cm
　　　〈メス〉39cm
翼開長：69〜76cm

キィーキィキィィキィ

左メス、右オス

街中でも見られるハヤブサの仲間

　1年を通して市街地や河川などで見られ、橋やビルなどに営巣し、繁殖します。キジバトと同じくらいの大きさで、オスメスとも背中は茶褐色で黒い斑があります。オスは頭部と尾羽上面が青みがかった灰色です。ヒラヒラと羽ばたいて直線的に飛び、ホバリングして獲物を狙う姿も見られます。

ハヤブサ

隼
Peregrine Falcon

ハヤブサ目ハヤブサ科

1	2	3	4	5	6	7	8	9	10	11	12

□河川 □山地

全長：〈オス〉41cm
　　　〈メス〉49cm
翼開長：84〜120cm

キィキィキィ、ケー
ケーケーなど

スピードが持ち味の名ハンター

　冬季を中心に河川や山地などで見られる、カラスよりやや小さい鳥です。頭から背、翼は黒っぽい色をしており、頬のひげ状の黒い斑が目立ちます。腹には細かい横斑があります。オスメスほぼ同色ですが、メスのほうがやや体が大きいです。羽ばたいて直線的に飛び、主に小鳥を捕まえます。

フクロウ <small>梟
Ural Owl</small> フクロウ目フクロウ科

| 1 | 2 | 3 | 4 | 5 | 6 | 7 | 8 | 9 | 10 | 11 | 12 |

□山地　□丘陵地

全長：48〜52cm
翼開長：94〜102cm

ゴロスケホッホ

夜の森の主

1年を通して人里近くの森などに生息し、繁殖しています。カラスくらいの大きさで、オスメス同色です。頭から背中にかけては濃い灰色で、胸から腹にかけては白っぽく、濃い茶色の縦の模様があります。お面のようなハート形をした顔が特徴的。夜行性でネズミなどを捕まえます。

アオバズク <small>青葉木菟
Brown Hawk-Owl</small> フクロウ目フクロウ科

| 1 | 2 | 3 | 4 | 5 | 6 | 7 | 8 | 9 | 10 | 11 | 12 |

□丘陵地　□住宅地

全長：27〜30.5cm
翼開長：66〜70.5cm

繰り返しホッホ・ホッホ

青葉の頃にやって来る
フクロウの仲間

夏鳥として渡来し、主に神社や寺、公園などの大木で繁殖します。フクロウよりずっと小さく、キジバトくらいの大きさです。オスメス同色で、濃い茶色の頭と黄色く大きな目、胸から腹にかけて太い縦の模様があります。夜行性で、街灯に集まる虫をとっている姿を見ることもあります。

□河川　□丘陵地　□農耕地

キィーキィー、ギジギジギジなど

全長：20cm

オス

メスとヒナ

尾をよく振る小さなハンター

1年を通して河原や田畑、開けた林などで見られます。スズメとムクドリの中間くらいの大きさで、クチバシの先端がカギ状になっています。オスは頭が赤茶色で黒い過眼線と翼の白斑が目立ち、メスは過眼線が薄い茶色で翼の白斑がなく、胸には褐色の細かいうろこ模様があります。ゆっくりと尾を振りながら枝に止まり、素早く地上にいる昆虫やトカゲなどを捕まえ、また戻る動作を繰り返します。

アオゲラ

緑啄木鳥
Japanese Green Woodpecker

1	2	3	4	5	6	7	8	9	10	11	12

☐山地　☐丘陵地

全長：29㎝

キョッ・キョッ、ケレケレケレ、口笛のような声でピョーピョーピョーなど

オス

緑色をした日本固有のキツツキ

年間を通して山地や丘陵地の林に生息し、繁殖します。ヒヨドリくらいの大きさで、背や翼は濃い緑色、胸から腹にかけては灰色で黒い横斑があります。オスメスほぼ同色ですが、頭の赤い部分はオスのほうが大きくて目立ちます。木の幹や枝に止まって、餌として主に昆虫などをとり、秋から冬にかけては木の実などを食べる様子も観察されます。

コゲラ
小啄木鳥
Japanese Pygmy Woodpecker

キツツキ目キツツキ科

| 1 | 2 | 3 | 4 | 5 | 6 | 7 | 8 | 9 | 10 | 11 | 12 |

□山地　□丘陵地　□住宅地

全長：15cm

金属的な声でギィー、キッキッキッ
など

オス

日本で最も小さい
キツツキ

1年を通して山地から市街地の公園まで幅広く見られます。スズメくらいの大きさで、オスメス同色。頭から背、尾まで黒味のある茶色で白色の横斑があり、胸から腹にかけてはくすんだような薄茶色をしています。オスは後頭部の左右に小さな赤い斑点がありますが、なかなか見えません。

アカゲラ
赤啄木鳥
Great Spotted Woodpecker

キツツキ目キツツキ科

| 1 | 2 | 3 | 4 | 5 | 6 | 7 | 8 | 9 | 10 | 11 | 12 |

□山地

全長：23.5cm

キョッ・キョッ、ケレケレケレなど

オス

体は白黒、頭が赤い
キツツキ

1年を通して山地の林に生息し、繁殖もしています。冬季には標高の低い丘陵地の公園や河川の林などでも観察されます。翼は黒く、大きな「逆ハ」の字の白斑が目立ちます。胸から腹は白色で、下腹は赤色。オスメスほぼ同色ですが、オスは後頭部が赤く、オスメス識別のポイントになります。

カケス 懸巣 Eurasian Jay

1	2	3	4	5	6	7	8	9	10	11	12

□山地

全長：33cm

しわがれた声でジェー

きれいな羽のカラスの仲間

１年を通して主に山地に生息しますが、冬季は丘陵地の公園などでも見られます。キジバトくらいの大きさで、オスメス同色。背中や腹は茶色で、翼の一部にある青・白・黒の細かい模様が目立ちます。秋から冬の初め頃、食べ物がなくなる冬に備えて、ドングリ類を木の隙間や地中に隠す習性があります。

オナガ 尾長 Azure-winged Magpie

1	2	3	4	5	6	7	8	9	10	11	12

□住宅地　□丘陵地

全長：36cm

グェーイ・グェーイ、
ギュイ・ギュイなど

黒い帽子のおしゃれなカラス

市街地から丘陵地の林や公園などに生息するカラスの仲間で、１年中、群れをつくって生活しています。体そのものはムクドリくらいの大きさですが、尾羽がとても長く、体より尾羽のほうが長く見えます。オスメス同色で、青みがかった翼や尾羽が特徴。頭は黒い帽子をかぶったように見えます。

ハシボソガラス
嘴細鴉
Carrion Crow

1	2	3	4	5	6	7	8	9	10	11	12

□河川　□農耕地
□市街地

全長：50㎝

濁った声でガー・ガー

おじぎをしながら鳴くカラス

主に農耕地や河原など、開けた場所で年間を通して見られます。オスメス同色。全身黒色で青紫色の光沢があります。ハシブトガラスより少し小さく、クチバシも細めです。おじぎをするように頭を上下させて鳴きます。クルミなどを空中から落として、からを割って食べる行動も観察されます。

ハシブトガラス
嘴太鴉
Large-billed Crow

1	2	3	4	5	6	7	8	9	10	11	12

□山地　□市街地

全長：56.5㎝

カァー・カァー

街中も好きな森のカラス

年間を通して山地の森林から市街地まで幅広い環境で見られます。ハシボソガラスより大きく、全身黒色で青紫色の光沢があり、オスメス同色です。クチバシは太く、盛り上がって見えるおでこが特徴。街中では、ごみ置き場で餌をあさっている姿も見かけます。

シジュウカラ 四十雀 Japanese Tit

1	2	3	4	5	6	7	8	9	10	11	12

☐山地　☐丘陵地　☐住宅地

全長：14.5cm

ツツピー・ツツピー、地鳴きはジュクジュクジュクなど

オス

オス

メス

◀メスは喉から腹にかけての黒帯が細い

黒いネクタイの身近な鳥

　1年を通して山地から住宅地・市街地まで広く見られます。スズメくらいの大きさで、白い頬が目立ち、喉から腹にかけて黒い帯があります。オスメス同色ですが、オスは黒い帯が太く、メスや幼鳥は細いのが特徴。主に樹木の穴を利用して巣づくりをしますが、民家の庭などに設置された巣箱もよく使います。冬には、エナガやヤマガラ、メジロなどの小鳥類と一緒に行動する様子が観察されます。

ヤマガラ

山雀
Varied Tit

| 1 | 2 | 3 | 4 | 5 | 6 | 7 | 8 | 9 | 10 | 11 | 12 |

□山地 □丘陵地

全長：14cm

ゆっくりしたテンポで
ツーツーピー・ツー
ツーピー、地鳴きは
ニーニーなど

人懐っこいカラフルなカラ類

山地から丘陵地の林で1年中見られます。スズメくらいの大きさで、オスメス同色です。頭は黒色、額から頬はクリーム色、背は灰色で、腹はレンガ色。木の実や昆虫を食べますが、特にエゴノキの実は大好物です。冬はシジュウカラやエナガなどとの「混群」も観察されます。

ヒガラ

日雀
Coal Tit

| 1 | 2 | 3 | 4 | 5 | 6 | 7 | 8 | 9 | 10 | 11 | 12 |

□山地

全長：11cm

はやいテンポでツピ・
ツピ・ツピ、地鳴きは
チー、ツィツィなど

黒い蝶ネクタイの小さなカラ類

年間を通して主に山地の針葉樹林に生息していますが、冬は丘陵地でも見られることがあります。スズメより一回り小さく、オスメス同色で、日本のカラ類では最小。頭は黒く短い冠羽があり、腹は白く、喉は黒色です。背は青味を帯びた灰色で、翼には2本の白い線があります。

ツバメ
燕
Barn Swallow

スズメ目ツバメ科

| 1 | 2 | 3 | 4 | 5 | 6 | 7 | 8 | 9 | 10 | 11 | 12 |

□市街地　□住宅地　□河川

全長：17cm

早口で複雑にチュピチュピチュピ
ジー…、地鳴きはチュビッなど

◀ヒナに給餌

人の近くで子育てする鳥

代表的な夏鳥です。人家や商店の軒先などで泥や枯草を使って巣をつくり、子育
てをします。頭から背中にかけては光沢のある黒色で、胸・腹は白色。また、額
と喉は目立つ赤褐色をしています。オスメス同色ですが、細長く二股に分かれて
いる尾羽はオスのほうが長いので区別がつきます。繁殖後の時期には、河原のヨ
シ原などに大きな群れでねぐら入りする光景を見ることができます。

コシアカツバメ

腰赤燕
Red-rumped Swallow

| 1 | 2 | 3 | 4 | 5 | 6 | 7 | 8 | 9 | 10 | 11 | 12 |

□住宅地　□河川

全長：18.5cm

ツバメより濁った声で
ジューイジューイ、地
鳴きはジュリなど

腰が赤く尾の長いツバメ

夏鳥として渡来し、団地などの建物に営巣・繁殖します。ツバメ類の中では一番大きく、腰の赤さや尾羽の長さが目立ちます。喉から腹にかけて、黒く細い縦斑が多くあり、他のツバメ類と間違うことはありません。秋の渡りの時期には、上空を通過する群れが見られることもあります。

イワツバメ

岩燕
Asian House Martin

| 1 | 2 | 3 | 4 | 5 | 6 | 7 | 8 | 9 | 10 | 11 | 12 |

□市街地　□河川

全長：13cm

飛びながら早口でジェッ
ジェッ、チリリッなど

腰が白い小型のツバメ

ツバメより一足早く渡ってくる夏鳥です。オスメス同色で、尾羽はツバメより短く、切れ込みも浅いです。頭から背は黒色で、喉から腹と腰の白色が目立ちます。川沿いの開けたところで、飛びながら虫などを捕まえます。鉄道の高架下や橋の下などに集団で営巣し、繁殖します。

ヒメアマツバメ

姫雨燕
House Swift

| 1 | 2 | 3 | 4 | 5 | 6 | 7 | 8 | 9 | 10 | 11 | 12 |

□市街地　□河川
□山地

全長：13cm

チュリリリ、チリリ
リィーなど

冬でも見られるアマツバメの仲間

市街地から山地にかけての上空を群れで飛んでいることが多く、年間を通して見られます。オスメス同色。全体的に黒色で、喉と腰が白く、翼は細く鎌形をしています。姿が似ているイワツバメは、喉から腹まで白いので区別できます。イワツバメの古巣をねぐらや子育てに利用します。

ヒバリ

雲雀
Eurasian Skylark

| 1 | 2 | 3 | 4 | 5 | 6 | 7 | 8 | 9 | 10 | 11 | 12 |

□農耕地　□河川

全長：17cm

複雑な節回しでチュル
リピチュリリチュリチュ
リリ…、地鳴きはビュ
ル

飛びながらさえずる春告げ鳥

1年を通して草地のある河川や農耕地などで見られます。春はいち早く飛びながらさえずるので、よく目立ちます。スズメより大きく、オスメス同色。体は茶褐色で、翼、頭、胸などに黒い縦じま模様があります。オスは地上でさえずるときなどに冠羽をよく立てます。地上で餌をとり、草地に営巣します。

ヒヨドリ 鵯
Brown-eared Bulbul

1	2	3	4	5	6	7	8	9	10	11	12

□山地　□丘陵地　□市街地

全長：27.5cm

ピーヨ、ピィー・ピヨロロなど

ピーヨピーヨと
にぎやかに鳴く

1年を通して山地から市街地までの広い範囲で見られます。キジバトより小さく、民家の庭木などでも繁殖するなじみ深い鳥です。オスメス同色で、全身はほぼ濃い灰色。頬は濃い茶色で、頭はボサボサしています。春や秋の渡りの時期には、上空を渡っていく群れが見られます。

ウグイス 鶯
Japanese Bush Warbler

1	2	3	4	5	6	7	8	9	10	11	12

□山地　□丘陵地
□河川

全長：14〜15.5cm

ホーホケキョ、ケキョ
ケキョケキョ、地鳴き
はジャッ・ジャッ

声はすれども姿は見えぬ！

年間を通して生息し、山地から平地まで笹などが多い環境で繁殖します。スズメくらいの大きさで、オスメス同色。頭から背中は緑色を帯びた茶色、胸から腹は淡い茶色で、顔に淡い眉斑があります。声はよく聞かれますが、やぶの中にいることが多く、姿はなかなか見えません。

メジロ 目白
Japanese White-eye

1	2	3	4	5	6	7	8	9	10	11	12

□山地　□丘陵地
□住宅地

全長：12cm

複雑に早口でチィーチュルチィー…、地鳴きはチィー

目のまわりが白いから「目白」

山地から住宅地まで、1年中見られるスズメより小さい鳥です。オスメス同色で、頭から背は黄色味を帯びた緑色、いわゆる「ウグイス色」。目のまわりは白く、胸から腹は白色、脇が茶色です。花の蜜が大好物で、春には盛んにウメやツバキなどの蜜を吸っている様子が観察されます。

エナガ 柄長
Long-tailed Tit

1	2	3	4	5	6	7	8	9	10	11	12

□丘陵地　□山地

全長：13.5cm

ジュリジュリ、チーチー、チリリなど

小さく丸い体に目立つ長い尾

1年を通して山地から丘陵地の公園などで見られます。尾は長いですが、体はスズメよりも小さいです。オスメス同色で、顔・喉・腹と額から頭は白く、目の上と首の後ろから背にかけては黒色。また、肩と下腹は淡いブドウ色をしています。クチバシが極端に短いのも特徴の一つです。群れで行動することが多いです。

セッカ
雪加
Zitting Cisticola

スズメ目セッカ科

| 1 | 2 | 3 | 4 | 5 | 6 | 7 | 8 | 9 | 10 | 11 | 12 |

□河川

全長：12.5cm

上昇しながらヒッヒッ
ヒッ…、下降しながら
ジャッジャッジャッ…

河原の草地を飛び回る小さな鳥

1年を通して河原の草地などで見られますが、繁殖期以外は目立ちません。繁殖期には鳴きながら上昇と下降を繰り返し、深い波型を描いて飛び回ります。スズメより小さく、オスメス同色。腹は白っぽく、頭の後ろから背は黄褐色で黒い縦斑があります。

オオヨシキリ
大葦切
Oriental Reed Warbler

スズメ目ヨシキリ科

| 1 | 2 | 3 | 4 | 5 | 6 | 7 | 8 | 9 | 10 | 11 | 12 |

□河川

全長：18.5cm

大きな声でギョギョシ・ギョギョ
シ

ヨシ原でにぎやかに鳴く夏鳥

夏鳥として河川に渡来し、ヨシ原で繁殖します。スズメより大きい鳥で、オスは数カ所のソングポストを移動しながら、大きな声でさえずります。オスメス同色で、頭から背、尾は薄茶色、喉から腹は白っぽく見えます。さえずっているときは口の中の赤さが目立ちます。

センダイムシクイ
仙台虫喰
Eastern Crowned Leaf Warbler

スズメ目ムシクイ科

| 1 | 2 | 3 | 4 | 5 | 6 | 7 | 8 | 9 | 10 | 11 | 12 |

□山地

全長：12.5cm

チヨチヨ・ビィー

聞きなしは「焼酎一杯、グイー」

夏鳥として落葉樹のある山地の林に渡来し、繁殖します。スズメより小さく、オスメス同色です。頭から背にかけては淡いオリーブ色、喉から腹にかけては白っぽい色をしています。顔には白く長い眉斑があり、頭の中央には白っぽいラインが入っているのが特徴です。

ヤブサメ
藪鮫
Asian Stubtail

スズメ目ウグイス科

| 1 | 2 | 3 | 4 | 5 | 6 | 7 | 8 | 9 | 10 | 11 | 12 |

□山地

全長：10.5cm

虫のような細い声でシシシシ…

さえずりは虫のような声

夏鳥として山地の林に渡来し、繁殖します。スズメより小さく、オスメス同色。全身濃い茶色で、目立つ眉斑があり、尾がとても短いのが特徴。やぶのある暗い林を好み、ほとんど茂みの中にいて、なかなか姿を見せません。さえずりは高音域のため、聞き取れないことがあります。

キクイタダキ

菊戴
Goldcrest

| 1 | 2 | 3 | 4 | 5 | 6 | 7 | 8 | 9 | 10 | 11 | 12 |

□山地

全長：10cm

細く金属的な声でチィ
チィチィ・チリリリ
リ、地鳴きはツィー

菊の花を頭にのせた小っちゃな鳥

ほぼ1年を通して山地の針葉樹林に生息し、繁殖します。スズメよりずっと小さく、オスメスほぼ同色。体は全体的に緑っぽく見える灰色をしています。頭頂部には菊の花のような黄色い模様があります。オスはさらに内側にオレンジ色の羽毛がありますが、なかなか見えません。

カヤクグリ

茅潜
Japanese Accentor

| 1 | 2 | 3 | 4 | 5 | 6 | 7 | 8 | 9 | 10 | 11 | 12 |

□山地　□丘陵地

全長：14cm

地鳴きはチリリリ

地味でなかなか気づかない

日本固有種で、冬季に山地や丘陵地の林などで観察されます。スズメほどの大きさで、オスメス同色です。頭は暗い褐色で、背は茶色く黒い縦斑があります。胸から腹は濃い灰色。やぶの中や暗い地面にいることが多く、色も地味なため気づかないことがあります。

ミソサザイ

鷦鷯
Winter Wren

| 1 | 2 | 3 | 4 | 5 | 6 | 7 | 8 | 9 | 10 | 11 | 12 |

□山地

全長：10.5cm

早口で複雑にピピチュイチュイリリリ・チリリリ…、地鳴きはチャッ・チャッ

渓流の大きなさえずり、小さな鳥

年間を通して山地の沢沿いなどに生息し、繁殖します。スズメよりずっと小さく、オスメス同色。地上にいることが多いです。丸みをおびた体全体は茶褐色で、黒褐色の横斑があります。見た目は地味な印象ですが、さえずるときには短い尾をたて、響き渡るような大きな声で鳴きます。

カワガラス

河烏
Brown Dipper

| 1 | 2 | 3 | 4 | 5 | 6 | 7 | 8 | 9 | 10 | 11 | 12 |

□山地

全長：22cm

複雑な声でビジュビジュジュジュ…、飛びながらビッ・ビッ

渓流に住む潜りの名手

通年、河川の上流域に生息しています。ムクドリよりやや小さく、全体にこげ茶色でオスメス同色。潜水し、川底を歩いて水生昆虫や小魚を捕まえます。川面を一直線に飛ぶ姿もよく見られます。早春から、主に小さい滝などの流れが落ち込む裏側に巣をつくります。

トラツグミ
虎鶫
Scaly Thrush

スズメ目ヒタキ科

1	2	3	4	5	6	7	8	9	10	11	12

□山地　□丘陵地

全長：29.5〜30cm

主に夜間にゆっくりと
ヒィーイ

不気味な声で鳴くトラ模様の鳥

主に冬季、山地や丘陵地の林などで見られますが、少数ながら繁殖も確認されて
います。キジバトよりやや小さく、オスメス同色。頭から尾まで黄褐色で、全体
に黒斑があります。クチバシで落ち葉をかきわけ、小刻みな足腰の動きでミミズ
などの小動物を追い出して捕まえます。

シロハラ
白腹
Pale Thrush

スズメ目ヒタキ科

1	2	3	4	5	6	7	8	9	10	11	12

□山地　□丘陵地

全長：24cm

地鳴きはキョッキョ
キョキョ、ツィーなど

オス

落ち葉をガサガサ餌探し

山地や丘陵地に渡来する冬鳥で、ムクドリくらいの大きさです。オスは頭が黒っ
ぽい灰色で、背は茶色、腹は白っぽい茶色をしていて、目の周りの黄色いアイリ
ングが目立ちます。メスはオスよりも全体的に淡い色合いになります。林や公園
の茂みなどで、落ち葉をひっくり返して餌を探します。

クロツグミ
黒鶫
Japanese Thrush

1	2	3	4	5	6	7	8	9	10	11	12

□山地

全長：21.5cm

変化に富んだ節回しでキョロン・キョロイ・キョコ・キーコ・ツリリンなど

オス

メス

森のテナー歌手

山地の林に渡来し繁殖するムクドリより少し小さい夏鳥です。オスは背中が黒色、腹は白色で、胸から脇にかけて黒斑があります。クチバシとアイリングは黄色で、よく目立ちます。メスは体の上面が濃い茶色で、腹は白く黒い斑点があり、胸から脇腹にかけてはオレンジ色です。地面を跳ね歩き、ミミズなどを探して餌にします。繁殖期には高い木の上で、よく通る大きな声でさえずる姿が観察されます。

ツグミ _鶇
Naumann's Thrush

スズメ目ヒタキ科

| 1 | 2 | 3 | 4 | 5 | 6 | 7 | 8 | 9 | 10 | 11 | 12 |

☐丘陵地　☐河川
☐農耕地

全長：24cm

主に飛び立つときに
クィクィ、クエッなど

胸を張った姿勢が特徴

丘陵地、農耕地、河原など、開けた場所で見られる冬鳥です。大きさはムクドリくらいでオスメス同色。白い眉斑があり、翼や背中は茶色で、胸から脇にかけて小さな黒斑があります。羽の色の濃淡や模様は個体差があります。地面を跳ね歩き、立ち止まっては胸を張る動作をくり返します。

ムクドリ _{椋鳥}
White-cheeked Starling

スズメ目ムクドリ科

| 1 | 2 | 3 | 4 | 5 | 6 | 7 | 8 | 9 | 10 | 11 | 12 |

☐市街地　☐河川
☐農耕地

全長：24cm

ギュルギュル、ジャー・
ジャー、ギャーなど

オレンジ色のクチバシと足

年間を通して河川や農耕地などに生息し、繁殖します。群れで生活し、夜間、駅前などの街路樹に大きな集団ねぐらをつくる習性があります。大きさの目安になる「ものさし鳥」です。オスメスほぼ同色ですが、メスはやや淡い色をしています。クチバシと足のオレンジ色が特徴で、飛んだときに腰の白い部分が目立ちます。

ルリビタキ

瑠璃鶲
Red-flanked Bluetail

スズメ目ヒタキ科

1	2	3	4	5	6	7	8	9	10	11	12

□山地　□丘陵地

全長：14cm

地鳴きはヒッ・ヒッ、カッ・カッ、
時に濁った声でガッ・ガッ

オス

メス

冬の青い鳥

冬季、丘陵地や山地、時には都市公園などで見られます。スズメほどの大きさ
で、オスは頭から背、尾が青色、胸は白色で、脇はオレンジ色。メスは頭から背
はオリーブ色で、尾の青色と脇のオレンジ色はオスより淡い色をしています。オ
スもメスもなわばりをもって単独で生活します。杭や小枝、岩などに止まり、尾
を振りながら、人の近くまで寄ってくることもあります。

ジョウビタキ

常鶲
Daurian Redstart

スズメ目ヒタキ科

1	2	3	4	5	6	7	8	9	10	11	12

□山地　□丘陵地　□住宅地

全長：14cm

地鳴きはヒッ・ヒッ、カッ・カッ

オス

メス

翼の白斑が目立つ冬の使者

冬季に、山地や丘陵地、河川、住宅地や都市公園などの幅広い環境で見られます。スズメとほぼ同じ大きさで、オスは頭が銀色に近い白色、胸から腹は鮮やかなオレンジ色です。翼の白斑が目立ちます。メスは全身が淡い茶色で、翼にオスより小さい白斑があります。越冬中は縄張りをもって1羽ずつで生活します。人に対する警戒心がわりと薄く、人が近づいても逃げないことがあります。

イソヒヨドリ

磯鵯
Blue Rock Thrush

1	2	3	4	5	6	7	8	9	10	11	12

☐市街地

全長：25.5cm

よく通る複雑な声でホピー・チュイ
チュイ…、地鳴きはヒッ・ヒッ

オス

メス

ビル屋上の歌い手

もともとは海辺の鳥ですが、近年は内陸部まで進出し、1年を通して市街地など
で見られます。ムクドリくらいの大きさで、オスは頭から胸までと背中が青色
で、腹はレンガ色。メスは全身が濃い灰色で、喉から腹にかけてうろこ模様があ
ります。市街地のビルや民家などに営巣し、繁殖します。建物の屋上などでよく
通る声でさえずる姿を見かけます。

エゾビタキ
蝦夷鶲
Grey-spotted Flycatcher

スズメ目ヒタキ科

| 1 | 2 | 3 | 4 | 5 | 6 | 7 | 8 | 9 | 10 | 11 | 12 |

□山地 □丘陵地

全長：14.5cm

地鳴きはツィー

木のてっぺんが大好きなヒタキ

主に秋の渡りの時期に、山地や丘陵地などの明るい林で観察される旅鳥です。スズメくらいの大きさで、オスメス同色。背中や翼は灰色で、胸から腹にかけては白色、喉から脇にかけての縦斑が特徴です。枝先に止まり、飛んでいる虫を見つけては舞い上がって捕まえる行動がよく見られます。

コサメビタキ
小鮫鶲
Asian Brown Flycatcher

スズメ目ヒタキ科

| 1 | 2 | 3 | 4 | 5 | 6 | 7 | 8 | 9 | 10 | 11 | 12 |

□山地 □丘陵地

全長：13cm

細く小さな声でチッ・チョッ・チチチチョチュチュ…、地鳴きはツィー、チチチなど

地味だけど目もしぐさもカワイイ

山地や丘陵地の明るい林に渡ってきて繁殖する夏鳥です。スズメよりやや小さく、オスメス同色。目の周りと目先が白く、体の上面は灰色で、胸と腹は白っぽく、全体的に地味な色合いをしています。横に伸びた枝に、コケなどを使っておわん型の巣をつくります。枝に垂直に止まり、飛んでいる虫を捕まえます。

キビタキ

黄鶲
Narcissus Flycatcher

| 1 | 2 | 3 | 4 | 5 | 6 | 7 | 8 | 9 | 10 | 11 | 12 |

□山地 □丘陵地

全長：13.5cm

複雑な節回しでピィーヨ・ポッピリリポッピリリなど

オス

メス

黄色が鮮やかな森の歌い手

オオルリと並び、美しい姿や鳴き声で人気の夏鳥です。スズメくらいの大きさで、山地や丘陵地のよく茂った落葉広葉樹林に渡来し、繁殖します。オスは背や翼が黒色で、喉はオレンジ色、胸から腹にかけては黄色です。眉斑や腰の黄色もよく目立ちます。また、翼にはっきりとした白斑があるのも特徴。メスは頭から背にかけてオリーブ褐色の地味な姿をしています。林内の枝でさえずるため、姿を見つけるのが大変です。

オオルリ
大瑠璃
Blue-and-white Flycatcher

1	2	3	4	5	6	7	8	9	10	11	12

□山地

全長：16.5cm

複雑な節回しでピーリーリー・ポイ・ヒーピピ・ピールリ・ジェッジェッなど

オス

メス

美声とブルーの夏鳥スター

夏季、主に山地の渓流沿いの林に渡ってきて繁殖する、スズメより少し大きい鳥。渡りの頃は都市公園でも見られることがあります。オスは頭から背、尾までが鮮やかな青色、喉から胸は黒色、腹は白色。メスは頭から背にかけて茶褐色です。オスは沢筋の目立つ木のてっぺんに止まり、よく通るきれいな声でさえずります。「八王子市の鳥」に選定されています。

サンコウチョウ 三光鳥
Japanese Paradise Flycatcher

1	2	3	4	5	6	7	8	9	10	11	12

□山地　□丘陵地

全長：〈オス〉44.5cm、〈メス〉17.5cm

フィー・チィ・ホイホイホイ、地鳴きはギィギィ

オス

メス

長い尾とコバルトブルーのアイリング

夏季、山地や丘陵地の針葉樹林や広葉樹の混じった林に渡ってきて、繁殖します。オスは頭や胸は黒色、背から尾は光沢のある濃い紫色で、腹は白色です。目の周りとクチバシのコバルト色が目立ちます。メスの背は茶色です。体はオスメス共にスズメより少し大きいくらいですが、尾の長さが大きく違い、オスは体の3倍ほどあります。長い尾をひらひらさせて飛び回り、虫などを捕まえます。

ハクセキレイ

白鶺鴒
White Wagtail

スズメ目セキレイ科

| 1 | 2 | 3 | 4 | 5 | 6 | 7 | 8 | 9 | 10 | 11 | 12 |

□河川　□農耕地
□市街地

全長：21cm

澄んだ声でチュチュン

尾をよく振る街のセキレイ

年間を通して河川や農耕地、市街地などに幅広く生息し、繁殖します。体はスズメほどですが、尾は長めです。オスメスほぼ同色で、頭から背は黒から灰色。胸が黒色で、白い顔に黒い過眼線があります。オスはメスよりも黒味が強いです。尾を振りながら歩く姿がよく見られ、駅前の街路樹などに集団ねぐらをつくります。

セグロセキレイ

背黒鶺鴒
Japanese Wagtail

スズメ目セキレイ科

| 1 | 2 | 3 | 4 | 5 | 6 | 7 | 8 | 9 | 10 | 11 | 12 |

□河川　□農耕地

全長：21cm

チチージョイジョイ、
濁った声でジュジュッ
など

クッキリ白い眉斑が目立つ

通年、河川や農耕地などに生息し、繁殖します。体はスズメほどですが、尾は長めです。オスメスほぼ同色で、黒い顔に白くはっきりとした眉斑があります。腹は白く、背と胸は黒色です。他のセキレイ類同様、波型を描いて飛び、尾を上下に振って歩きます。

キセキレイ
黄鶺鴒
Grey Wagtail

| 1 | 2 | 3 | 4 | 5 | 6 | 7 | 8 | 9 | 10 | 11 | 12 |

オス

□河川

全長：20cm

ツィツィツィ、チョ
チョチョチョ、高い声
でチチン・チチンなど

渓流に住む黄色いセキレイ

１年中水辺に生息し、繁殖期には主に河川の上流部で見られます。体はスズメほどですが、尾は長めです。オスメスほぼ同色で、頭から背にかけては灰色、腹から腰にかけて白地に黄色味を帯びています。繁殖期にはオスは喉が黒くなります。渓流の岩の上を飛び移っては尾羽を振る姿が見られます。

ビンズイ
便追
Olive-backed Pipit

スズメ目セキレイ科

| 1 | 2 | 3 | 4 | 5 | 6 | 7 | 8 | 9 | 10 | 11 | 12 |

□丘陵地

全長：15.5cm

飛び立つときなどに強
くヅィー

林に住むオリーブ色のセキレイ

冬季に丘陵地や平地の明るい林などで見られるセキレイ類です。地上で尾羽を上下に振りながら餌をとります。スズメくらいの大きさで、オスメス同色です。頭から背はオリーブ色で、眉斑は白く、胸から腹には縦斑があります。目の後ろには小さな白斑があり、よく似たタヒバリと区別できます。

タヒバリ
田雲雀
Buff-bellied Pipit

スズメ目セキレイ科

1	2	3	4	5	6	7	8	9	10	11	12

□河川　□農耕地

全長：16cm

ピッピッピッ

開けた場所にいる茶色のセキレイ

冬季、河川や農耕地、芝生のグラウンドなどで見られるスズメより少し大きなセキレイ類です。オスメス同色。背は薄茶色で、胸から脇にかけて縦斑があります。尾を上下に振り、地上を歩きながら餌をとります。よく似たビンズイは目の後ろに白斑があり、背はオリーブ色をしています。

スズメ
雀
Eurasian Tree Sparrow

スズメ目スズメ科

1	2	3	4	5	6	7	8	9	10	11	12

□住宅地　□農耕地
□河川

全長：14.5cm

チュン・チュン、ジュクジュクなど

もっとも身近な鳥

年間を通して市街地など、人の生活している場所に広く生息し、家屋・電柱などに営巣します。大きさの目安となる「ものさし鳥」です。オスメス同色で、全体的に茶色、頬は白く、黒い模様があります。喉の黒色も目立ちます。秋から冬は河原の草地や農耕地などで大きな群れが見られます。

アトリ
花鶏
Brambling

スズメ目アトリ科

| 1 | 2 | 3 | 4 | 5 | 6 | 7 | 8 | 9 | 10 | 11 | 12 |

オス

☐山地　☐丘陵地

全長：16cm

ジェー、主に飛ぶ時に
キョキョなど

群れをつくるオレンジ色が目立つ鳥

冬季に山地や丘陵地などで群れが観察されます。スズメよりやや大きく、オスメスほぼ同色で、胸から脇がオレンジ色、腹は白色です。頭部はメスは灰褐色ですが、オスは黒っぽく見えます。年によって渡来数が大きく変わり、大きな群れになることもあります。

カワラヒワ
河原鶸
Oriental Greenfinch

スズメ目アトリ科

| 1 | 2 | 3 | 4 | 5 | 6 | 7 | 8 | 9 | 10 | 11 | 12 |

☐河川　☐農耕地
☐住宅地

全長：14.5〜16cm

キリキリコロコロ、
チュイーン、ビュイー
ンなど

冬の河原で大集合！

1年を通して河川や農耕地、住宅地などで広く生息し、繁殖します。冬季は数が増え、100羽を超える群れが見られます。スズメくらいの大きさで、オスメスほぼ同色。全体的に濃い茶色で、オスはやや濃いめの色合いです。M型の尾羽が特徴です。飛んだときには翼の黄色がよく目立ちます。

ベニマシコ
紅猿子
Long-tailed Rosefinch

1	2	3	4	5	6	7	8	9	10	11	12

□河川　□丘陵地

全長：15cm

柔らかな声でフィッフォ

オス

メス

冬の草地の赤い鳥

冬季、主に河原や丘陵地などの草地で見られる、スズメくらいの大きさの鳥です。ヨモギやセイタカアワダチソウなどの草の種子を食べている姿が観察されます。オスの胸から腹は紅色で、顔や腰にも赤みがあります。メスは全体に薄茶色で地味な色です。どちらも翼は黒く、目立つ白帯があります。長い尾と丸く短いクチバシも特徴です。姿を見つけるより先に、特徴的な鳴き声で気がつくことがあります。

マヒワ　真鶸
Eurasian Siskin

スズメ目アトリ科

1	2	3	4	5	6	7	8	9	10	11	12

□山地　□丘陵地
□河川

全長：12.5cm

チュイーン、ジュイーン

オス

群れでにぎやか黄色い鳥

冬季に山地から平地の林などで見られます。スズメより小さく、群れで行動することが多いです。時には数百羽を超える群れが鳴きながら飛ぶ様子が観察されます。オスメスとも黄色味を帯び、背や脇に黒い縦斑があります。オスは顔から胸にかけて、より鮮やかな黄色をしており、頭が黒色です。

ウ　ソ　鷽
Eurasian Bullfinch

スズメ目アトリ科

1	2	3	4	5	6	7	8	9	10	11	12

オス

□山地　□丘陵地

全長：15.5cm

口笛のような声でフィッフィッ

つぼみの好きな口笛吹き

冬から春に山地や丘陵地などで見られる、スズメくらいの大きさのずんぐりとした鳥です。オスの頬と喉は赤色で、背は濃い灰色、胸から腹は薄い紅色や灰色。メスは赤味がなく、喉から腹は薄茶色。オスメスとも頭と翼、尾羽は黒色です。草木の種やサクラのつぼみを食べる姿も見られます。

シ メ 鴲 Hawfinch

| 1 | 2 | 3 | 4 | 5 | 6 | 7 | 8 | 9 | 10 | 11 | 12 |

□丘陵地　□河川
□山地

全長：18cm

鋭い声でチチッ、キ
チッ

太いクチバシずんぐり体型

丘陵地や河川の林などに渡来する冬鳥。スズメより大きく、オスメスほぼ同色で、全体的に茶色と灰色の色合いです。尾が短く、ずんぐりした体形で、体全体が太って見えます。肉色の太いクチバシは、春先には銀色になります。浅い波形を描いて飛び、このとき翼の白い模様が目立ちます。

イカル 鵤 Japanese Grosbeak

| 1 | 2 | 3 | 4 | 5 | 6 | 7 | 8 | 9 | 10 | 11 | 12 |

□山地　□丘陵地

全長：23cm

キー・コー・キー、地
鳴きはキョッ・キョッ

黄色く太いクチバシ

年間を通して山地や丘陵地などに生息していますが、冬季は平地の公園などでも群れで見られます。ムクドリくらいの大きさで、オスメス同色。体は太めで、全体に灰色をしています。頭、翼、尾羽は黒く、飛んだときには翼の白斑がよく目立ちます。黄色く太いクチバシが大きな特徴です。

ホオジロ

頬白
Meadow Bunting

1	2	3	4	5	6	7	8	9	10	11	12

□河川　□農耕地　□山地

全長：16.5cm

ピッピチュ・ピーチュー・ピリチュ
リチュー、地鳴きはチチッ

オス

▲さえずり

メス

聞きなしは「一筆啓上仕候 (いっぴつけいじょうつかまつりそうろう)」

1年を通して山地、丘陵地の開けた林や農耕地、河川などで見られます。スズメより少し大きく、尾羽も長め。背中や翼は赤みがかった茶色に黒色の縦斑があり、胸から腹は一様に薄い茶色をしています。オスは顔の白と黒の模様がはっきりしていますが、メスは顔に黒味が少なく、淡い色合いです。オスは木のてっぺんなど目立つ場所に止まり、胸を反らすような姿勢でよくさえずります。

郵 便 は が き

料金受取人払郵便

八王子局承認

407

差出有効期間
2026年6月30日
まで

１９２８７９０

０５６

〔受取人〕
東京都八王子市
追分町一〇—四—一〇一

揺 籃 社

行

||ılı·ıl|ıll|ıl|lı||ıl·ıl·ıl|·ıl·ıl|·l||ıl·ll|ı·ıl||l|

●お買い求めの動機
　1, 広告を見て (新聞・雑誌名　　　　　　　　　) 　2, 書店で見て
　3, 書評を見て (新聞・雑誌名　　　　　　　　　) 　4, 人に薦められて
　5, 当社チラシを見て　6, 当社ホームページを見て
　7, その他 (　　　　　　　　　　　　　　　　　　　　　　　)

●お買い求めの書店名
【　　　　　　　　　　　　　　　　　　　　　　　】

●当社の刊行図書で既読の本がありましたらお教えください。

読者カード

今後の出版企画の参考にいたしたく存じますので、
ご協力お願いします。

書名〔　　　　　　　　　　　　　　　　　　　　　　　〕

お名前
ふりがな

年齢（　　歳）
性別（男・女）

ご住所　〒

TEL　　（　　　）

E-mail

ご職業

本書についてのご感想・お気づきの点があればお教えください。

書籍購入申込書

当社刊行図書のご注文があれば、下記の申込書をご利用下さい。郵送でご自宅まで
1週間前後でお届けいたします。書籍代金のほかに、送料が別途かかりますので予め
ご了承ください。

書　　　名	定　　価	部　数
	円	部
	円	部
	円	部

カシラダカ 頭高
Rustic Bunting

スズメ目ホオジロ科

| 1 | 2 | 3 | 4 | 5 | 6 | 7 | 8 | 9 | 10 | 11 | 12 |

□丘陵地　□山地
□河川

全長：15cm

地鳴きはチッ

冠羽があるからカシラダカ

冬季に山地から丘陵地の開けた林や河原の草地などで見られます。スズメくらいの大きさの鳥で、群れで行動することが多いです。頭、背、翼が茶褐色で、短い冠羽があり、オスメスほぼ同色。胸から腹は白く、両脇には茶色の縦斑があります。春にはオスの頭は黒くなります。

ミヤマホオジロ 深山頬白
Yellow-throated Bunting

スズメ目ホオジロ科

| 1 | 2 | 3 | 4 | 5 | 6 | 7 | 8 | 9 | 10 | 11 | 12 |

□山地　□丘陵地

全長：15.5cm

地鳴きはチッツ

オス

冠羽と黄色が目立つホオジロ

冬季、山地から丘陵地の林などで小さな群れが見られます。スズメくらいの大きさで、オスメスともに背と翼は茶褐色、胸から腹は白色で冠羽があります。オスは頭、過眼線、胸元が黒色で、眉斑と喉は鮮やかな黄色です。メスは黒味が少なく、黄色も薄く、胸の黒い斑がありません。

クロジ
黒鵐
Grey Bunting

スズメ目ホオジロ科

1	2	3	4	5	6	7	8	9	10	11	12

オス

☐山地　☐丘陵地

全長：17cm

地鳴きはツッ

暗いところが好きな黒い鳥

冬季に平地から山地の暗い林の地上付近で見られますが、時に林道などの開けた場所に出てくることもあります。スズメよりやや大きく、オスは全体的に黒っぽい灰色で、背や翼には黒い縦斑があります。メスの背や翼は茶褐色で、喉から腹は薄茶色で茶色の縦斑があります。

オオジュリン
大寿林
Common Reed Bunting

スズメ目ホオジロ科

1	2	3	4	5	6	7	8	9	10	11	12

☐河川

全長：16cm

地鳴きはチューイーン

冬のヨシ原で餌探し

冬季に河川のヨシ原などで見られる、スズメよりやや大きいホオジロの仲間。オスメスとも全体に褐色と薄茶色で、ホオジロと似た色合いですが、腹は白色です。春には頭部が黒くなったオスの姿を見かけることもあります。枯れたヨシの茎を割って中の虫を食べる様子が観察されます。

アオジ
青鵐
Black-faced Bunting

スズメ目ホオジロ科

| 1 | 2 | 3 | 4 | 5 | 6 | 7 | 8 | 9 | 10 | 11 | 12 |

□山地　□丘陵地　□河川

全長：16cm

地鳴きはヂッ

オス

メス

青くないのにアオジ

冬季、山地や丘陵地、河川などで見られる、スズメよりやや大きなホオジロの仲間。茂みなどの薄暗い場所にいて、姿はなかなか見えにくいです。胸から腹にかけては黄色、背中は褐色で、どちらにも黒い縦斑があります。オスは頭が緑がかった灰色ですが、メスは褐色で薄い眉斑があります。

カルガモ　軽鴨　Eastern Spot-billed Duck

1	2	3	4	5	6	7	8	9	10	11	12

□河川　□池　□水田

グェグェ

全長：60.5cm

1年中普通に見られる普通のカモ

1年中、河川や池、水を張った水田などで普通に見られるカモです。他のカモは冬鳥ですが、カルガモだけが留鳥で繁殖しています。オスメスほぼ同色で、体は全体に褐色をしています。オレンジ色の足が目立ちます。他のカモのメスと似ていますが、クチバシは黒く、先端が黄色なので区別できます。繁殖期には、親鳥が数羽のヒナを引き連れている姿を見かけることがあります。

ヒドリガモ
緋鳥鴨
Eurasian Wigeon

1	2	3	4	5	6	7	8	9	10	11	12

□河川 □池

全長：48.5cm

オスは口笛のような声
でピューイ、メスは
ガッガー

左オス、右メス

目立つクリーム色のおでこ

冬に河川や池などで見られるカルガモより少し小さいカモです。オスは額のクリーム色とその周りの茶色が特徴です。飛んだときには翼の上面の白色が目立ちます。メスは全体に赤味がかった褐色です。クチバシはオスメスとも鉛色で、先端が黒色をしています。地上で草を食べる姿もよく見られます。

マガモ
真鴨
Mallard

カモ目カモ科

1	2	3	4	5	6	7	8	9	10	11	12

□河川 □池

全長：59cm

グェーグェグェ

左オス、右メス

緑色の頭に黄色いクチバシ

冬季に河川や池に渡来する、カルガモと同じくらいの大きさのカモです。オスは光沢のある緑色の頭と黄色いクチバシがよく目立ち、首輪のような白線があります。中央の尾羽は黒く、カールしています。メスは頭の上部が黒っぽく、体全体は褐色。クチバシはくすんだオレンジ色で、上部は黒色です。

コガモ

小鴨
Teal

1	2	3	4	5	6	7	8	9	10	11	12

□河川 □池

全長：37.5cm

オスはピリッピリッ、メスはグェ

オス

メス

黄色いパンツの小さいカモ

冬季に河川や池で、数羽から数十羽の群れで見られます。冬鳥のカモの仲間では最も早く渡来し、最も遅くまで滞在します。その名の通り、日本で見られるカモの中では最小です。オスは頭が茶褐色で、目の周りから後部にかけては緑色。お尻の部分には黄色の三角模様があります。メスは全体に茶褐色です。飛んだときにはオスメスとも翼の後ろ側の緑色が目立ちます。

オナガガモ
尾長鴨
Northern Pintail

| 1 | 2 | 3 | 4 | 5 | 6 | 7 | 8 | 9 | 10 | 11 | 12 |

□河川 □池

全長：〈オス〉75cm
　　　〈メス〉53cm

オスはピュルピュル、
メスはグワッグワッ

左オス、右メス

ピンと長くとがった尾

冬季、河川や池に渡来します。体はカルガモと同じくらいですが、名前の通り尾が長いのが特徴。オスは頭が濃い茶色で、首から胸にかけては白色。クチバシの両側は青みがかった灰色です。メスは全身茶褐色です。水面で逆立ちをして水底の餌を探す姿がよく見られます。

カワウ
川鵜
Great Cormorant

| 1 | 2 | 3 | 4 | 5 | 6 | 7 | 8 | 9 | 10 | 11 | 12 |

□河川 □池

全長：82cm

グルルル

お魚大好きの黒い鳥

通年、河川や池などで見られる大きな水鳥です。全身ほぼ黒色でオスメス同色。クチバシの根元の黄色が目立ちます。繁殖期には頭の後ろと足の付け根が白くなります。集団で潜って魚をとったり、隊列を組んで飛んだりする姿が見られます。翼を広げて濡れた羽を乾かしている様子も観察されます。

ダイサギ
大鷺
Great Egret

1	2	3	4	5	6	7	8	9	10	11	12

□河川　□水田

全長：80〜104cm

濁った声でガァー、ゴァー

クチバシは夏は黒色で冬は黄色

1年中、河川や水田、湿地などで見られる大きなサギです。白いサギ類の中で最大です。オスメス共に全身白色で、足は指先まで黒。クチバシは、夏は黒色で冬は黄色に変わります。樹上に営巣し、その時期には胸や背に大きな飾り羽が生えます。目先は青緑色になり、足の一部にも赤みが出ます。

コサギ
小鷺
Little Egret

1	2	3	4	5	6	7	8	9	10	11	12

□河川　□水田

全長：61cm

ガァー、ギャウ

真っ白な体に黄色い靴下

1年中、河川や水田などで見られる小さなサギです。オスメス共に全身白色で、クチバシは黒色。足は黒色ですが、指の部分は黄色です。繁殖の時期には頭から2本の冠羽が伸び、胸や背には飾り羽が生え、目先や指が赤味を帯びます。浅瀬で足をブルブルさせて魚を追い出す様子も見られます。

ゴイサギ
五位鷺
Black-crowned Night Heron

ペリカン目サギ科

| 1 | 2 | 3 | 4 | 5 | 6 | 7 | 8 | 9 | 10 | 11 | 12 |

□河川

全長：57.5cm

一声ずつ区切ってク
ワッ、ゴァなど

成鳥

幼鳥

夜に鳴くサギ

１年中水辺近くに生息するカラス大のずんぐりとした体型のサギです。オスメス
同色で、頭から背中は紺色、翼は灰色です。頭の後ろには２本の白く長い冠羽が
あり、目の赤さが目立ちます。幼鳥は全身茶色で白斑が密にあり「ホシゴイ」と
も呼ばれます。夜、特徴的な声で鳴きながら飛びます。

アオサギ
蒼鷺
Grey Heron

ペリカン目サギ科

| 1 | 2 | 3 | 4 | 5 | 6 | 7 | 8 | 9 | 10 | 11 | 12 |

□河川　□水田

全長：95cm

飛びながらグァ

日本最大級の灰色のサギ

河川や水田などで１年を通して見
られる日本で最大級のサギです。
オスメス同色で、背や翼はやや青
みがかった灰色。成鳥の頭の後ろ
には黒い冠羽が伸びています。繁
殖期にはクチバシと足が赤くなり
ます。長い首を折り曲げてゆった
りと飛び、単独で川の中をゆっく
り歩いて魚をとります。

カイツブリ

鳰
Little Grebe

| 1 | 2 | 3 | 4 | 5 | 6 | 7 | 8 | 9 | 10 | 11 | 12 |

☐河川　☐池

全長：26cm

キュルルル、ピッピなど

夏羽

冬羽

潜り上手の小さな水鳥

やや水深のある緩やかな流れの河川や池で1年中見ることができます。オスメス同色で、クチバシの付け根に黄白色の部分があり、目も黄白色です。夏羽は頬から首にかけて赤みがかった茶色です。冬羽は全体的に色が薄くなり、顔の赤みもなくなります。潜水が得意で、小魚やエビなどを食べます。繁殖期には、ヒナを背中に乗せている姿を見かけることがあります。

バン 鷭
Common Moorhen

ツル目クイナ科

| 1 | 2 | 3 | 4 | 5 | 6 | 7 | 8 | 9 | 10 | 11 | 12 |

□河川 □池

全長：32.5cm

キュル、クルルーなど

黒っぽい体に真っ赤な額

流れがゆるやかな河川や池で年間を通して見られます。キジバトくらいの大きさで、オスメス同色。黒っぽい体にクチバシから額にかけての鮮やかな赤色がとても目立ちます。クチバシの先端は黄色で、脇には白斑があります。警戒心が強く、草むらにかくれてしまうことが多いです。

オオバン 大鷭
Eurasian Coot

ツル目クイナ科

| 1 | 2 | 3 | 4 | 5 | 6 | 7 | 8 | 9 | 10 | 11 | 12 |

□河川 □池

全長：39cm

甲高い声でキョンキョン

黒い体に白い額とクチバシ

主に冬鳥として河川などに飛来し、群れで生活します。バンより少し大きく、オスメス同色で全身黒色。クチバシと額が白いのが特徴で、赤い目も目立ちます。水面を泳ぎながら、巧みに潜水して水草などの餌をとります。岸に上がって、歩きながら草の葉などを食べる姿も見かけます。

クイナ 水鶏 Water Rail ツル目クイナ科

| 1 | 2 | 3 | 4 | 5 | 6 | 7 | 8 | 9 | 10 | 11 | 12 |

□河川 □池

全長：29cm

クイッ・クイッ、キュッ
など

クチバシの赤い水辺の冬鳥

冬季、河川や池などの水辺で見られる水鳥。キジバトよりやや小さく、下クチバ
シは赤色、足は黄褐色で、顔から胸は青みがかった灰色です。オスメス同色で、
背には黒色の模様、腹には白黒の模様があり、主に1羽で生活しています。警戒
心が強いので、なかなか開けた場所には出てきません。

タシギ 田鷸 Common Snipe チドリ目シギ科

| 1 | 2 | 3 | 4 | 5 | 6 | 7 | 8 | 9 | 10 | 11 | 12 |

□河川 □水田

全長：26cm

飛び立つときにジェッ

長くまっすぐなクチバシ

冬季、河川や水田などの水辺で見られるシギの仲間です。体の大きさはムクドリ
くらいで、まっすぐで長いクチバシを水中にさし込み、餌をとります。オスメス
同色で、体の色合いは褐色と黒の複雑な模様をしています。河原などで動かずに
じっとしていると、周囲にとけ込み、見つけにくい鳥です。

イカルチドリ

桑鳲千鳥
Long-billed Plover

チドリ目チドリ科

1	2	3	4	5	6	7	8	9	10	11	12

□河川

全長：20.5cm

ピォピォ、ピッピッ
ピッピッなど

小石にまぎれて見つけにくい

小石の多い河原で1年中見られます。大きさはムクドリより少し小さく、オスメスほぼ同色。背中は茶色で腹は白色、胸には黒っぽい帯があります。クチバシは長めで黒色、足も長めで淡い黄色をしています。繁殖期には鳴きながら飛び回る姿をよく見かけます。

コチドリ

小千鳥
Little Ringed Plover

チドリ目チドリ科

1	2	3	4	5	6	7	8	9	10	11	12

□河川

全長：16cm

ピォピォ、ビュー
ビューなど

あざやかな黄色いアイリング

春に河川などに渡ってくる夏鳥。イカルチドリより一回り小さく、オスメスほぼ同色で、背中は茶色、腹は白色です。過眼線と前頭部は黒く、太く黄色いアイリングが目立ち、首にも黒く太い輪があります。主に中州や河原に営巣しますが、造成地などでも繁殖することがあります。

キアシシギ 黄足鷸
Grey-tailed Tattler

チドリ目シギ科

| 1 | 2 | 3 | 4 | 5 | 6 | 7 | 8 | 9 | 10 | 11 | 12 |

□河川

全長：25.5cm

ピューイ、ピピピピなど

春秋の渡りの時期に立ち寄る旅鳥

北に向かう5月頃と、南に向かう8月頃に河川で見られる旅鳥です。ムクドリより大きく、オスメス同色。クチバシは黒色で基部には黄色みがあります。足は黄色、背中は濃い灰色で、胸から脇にかけて横斑があります。水辺で数羽から数十羽の群れで餌をとったり、休息したりしている姿が見られます。

イソシギ 磯鷸
Common Sandpiper

チドリ目シギ科

| 1 | 2 | 3 | 4 | 5 | 6 | 7 | 8 | 9 | 10 | 11 | 12 |

□河川

全長：20cm

チーリーリー、ツーチーチーなど

腰をふりふり餌さがし

1年中、河川の水辺で見られるムクドリより小さなシギです。オスメス同色で、頭や背中は暗い茶色。腹は白色で、白色部が胸の脇に食い込んでいるのが特徴です。歩くときには腰を上下によく振ります。飛んでいるときは小刻みに翼をふるわせ、翼の白い帯模様が目立ちます。

カワセミ 翡翠
Common Kingfisher

ブッポウソウ目カワセミ科

1	2	3	4	5	6	7	8	9	10	11	12

□河川　□池

全長：17cm

金属的な声でチーッ、ツイーッ

オス

メス

川面を飛ぶ宝石

1年を通して河川や池などの水辺に生息しています。尾が短く、ずんぐりとした体型で、長いクチバシが特徴です。背中から尾にかけてはコバルトブルー、胸から腹にかけてはオレンジ色です。オスメスほぼ同色ですが、メスはクチバシの下側が赤いので区別できます。水中に飛び込んで小魚などを捕まえます。川面を直線的に飛ぶ姿や、空中でホバリングしながら餌を狙う姿もよく見られます。「日野市の鳥」に選定されています。

コジュケイ 小綬鶏 Chinese Bamboo Partridge

キジ目キジ科

| 1 | 2 | 3 | 4 | 5 | 6 | 7 | 8 | 9 | 10 | 11 | 12 |

□丘陵地　□河川

全長：27cm

甲高い声でチョットコ
イ、地鳴きはコッコッ
コッ

「ちょっと来い！」と鳴く外来種

年間を通して山地から平地の林に生息し、繁殖します。小さな群れで生活し、繁
殖期には親子連れの姿が見られます。ムクドリよりも大きくずんぐり体形です。
オスメスほぼ同色で、頬・喉はレンガ色、胸は灰色、背は濃い茶色で黒い縦の模
様があり、脇には黒い三日月型の斑があります。

カワラバト（ドバト） 河原鳩（土鳩） Rock Dove

ハト目ハト科

| 1 | 2 | 3 | 4 | 5 | 6 | 7 | 8 | 9 | 10 | 11 | 12 |

□市街地　□農耕地
□河川

全長：33cm

クルックー、クックー
など

超身近な外来種

年間を通して市街地・農耕地・河川などに広く生息し、繁殖します。寺社・公
園・駅などで群れになって生活している姿がよく見られます。キジバトと同じ
大きさで、オスメス同色です。個体によって、全身が白色のものから黒色まで、
様々な色合いをしています。

ガビチョウ 画眉鳥 Chinese Hwamei

| 1 | 2 | 3 | 4 | 5 | 6 | 7 | 8 | 9 | 10 | 11 | 12 |

□山地 □丘陵地 □河川

全長：25cm

甲高い複雑な声でヒョヒーヒョ・ヒョヒーヒョ…、地鳴きはジェッ、ビュィーなど

年中さえずる外来種

年間を通して山地・丘陵地・河川などのやぶのある林で生活し、繁殖します。住宅地の庭先にも出現します。ムクドリよりやや大きく、オスメス同色。全身が茶色で、目の周りから後方にかけての白色が目立ちます。他の鳥の鳴きまねも織り交ぜ、複雑な大きな声で鳴く姿がよく見られます。

ソウシチョウ 相思鳥 Red-billed Leiothrix

スズメ目チメドリ科

| 1 | 2 | 3 | 4 | 5 | 6 | 7 | 8 | 9 | 10 | 11 | 12 |

□山地 □丘陵地

全長：15cm

フィーチュチョ、地鳴きはジェッジェッ

姿も声も美しい外来種

夏季は少なくなりますが、年間を通して山地や丘陵地に生息し、少数が笹やぶで営巣しています。スズメくらいの大きさで、オスメスほぼ同色です。赤色、黄色、オレンジ色、オリーブ色、黒色が全身に配色されています。特にクチバシの赤色が目立ちます。

探鳥スポット案内

高尾山周辺

□高尾山6号路

　沢沿いの道は四季を通して野鳥が楽しめます。年間を通してヒガラ、ヤマガラなどのカラ類、キセキレイ、ミソサザイ、カケスなどが見られ、春夏はオオルリ、キビタキ、クロツグミ、サンコウチョウなどの姿やさえずり、秋冬はルリビタキ、マヒワなどが期待できます。

コース　6号路入口の看板から沢沿いの登山道を進み、大山橋、小沢の飛び石を渡り、長い階段で高尾山頂上へと進みます。標高差約400m。

交　通　京王線高尾山口駅からケーブルカー清滝駅左側の道を直進。

□日影林道

　高尾山の北側、日影沢に沿った林道。観察路はスギなどの造林地やフサザクラなどが茂る広い道。年間を通してシジュウカラ、ヤマガラ、ミソサザイ、春夏はオオルリ、クロツグミ、秋冬はアオジ、カシラダカ、ツグミなどが期待できます。約80種の野鳥が確認されています。

コース　日影バス停の先、欄干のない橋を渡り林道を進み、城山山頂に近づくと南側に視界が広がります。

交　通　JR高尾駅北口から「小仏」行きバスで約20分「日影」下車。

□小下沢（木下沢）林道

　北高尾山稜の南側と景信山から延びる東尾根の北側の小下沢に沿った林道。道沿いはスギの造林地やコナラなどの雑木林が続きます。年間を通してシジュウカラ、ウグイス、ミソサザイ、春夏はオオルリ、キビタキ、クロツグミ、秋冬はアオジ、カヤクグリ、カシラダカなどに出会えます。

コース　大下バス停から約300m戻りJR線ガード手前左手の道へ。高速道路ガード下を通り、沢沿いの道を進みます。

交　通　JR高尾駅北口から「小仏」行きバス約20分「大下」下車。

浅川周辺

□浅川・多摩川合流付近

　浅川・多摩川の合流部で丸石の河原、草地が広がる環境。年間を通してカワセミ、ダイサギ、イカルチドリ、春夏にはセッカやヒバリのさえずり、秋冬にはツグミ、タヒバリやカモ類などが見られます。

コース　浅川・多摩川合流部から浅川右岸（下流を見て右側）を上流に進み、新井橋で左岸に渡り、多摩川合流まで下ります。多摩川右岸を上流へ進み、北川原公園へ。多摩モノレール万願寺駅までは徒歩数分。

交　通　京王線百草園駅から徒歩約10分で浅川・多摩川合流部。

□長沼橋上流付近

　浅川・湯殿川の合流部付近から上流部で、河川敷には丸石の河原と草地が広がり、左岸には通称「さいかち池」、河畔林が点在。年間を通してカワセミ、イカルチドリ、キジ、春夏にはコチドリ、ツバメ、秋冬にはジョウビタキなどが期待できます。

コース　長沼橋から左岸堤防を上流に進み、一旦河川敷に降りてJR中央線鉄橋をくぐり、堤防上に戻ります。新浅川橋で右岸に渡り、下流に進んで、長沼橋に戻ります。

交　通　京王線長沼駅から北へ数分で長沼橋。

□浅川渓谷～陵北大橋

　北浅川と山入川の合流域で、左岸は河畔林、右岸は桜並木の堤防に囲まれた区域。河川敷は草地で、サワグルミやニセアカシアなどが点在する環境。年間を通してカイツブリ、バン、カワセミ、セキレイ類やオオタカ、ノスリ、秋冬はクサシギ、シメ、カシラダカなどが観察できます。

コース　東京天使病院裏の右岸堤防を上流へ向かい、途中から河川敷を陵北大橋付近まで進みます。

交　通　JR八王子駅北口から「宝生寺団地」行きバス約25分「切通し」下車数分。

公園など

□片倉城跡公園・湯殿川

片倉城跡公園は池や湿地、芝生、雑木林などの多様な環境があり、年間を通して楽しめます。湯殿川は川沿いに農耕地が残り、川幅が狭いため、野鳥を近くで観察できます。年間を通してカワセミ、バンやコゲラ、秋冬はジョウビタキ、クイナ、タヒバリやツグミなどが期待できます。

コース 片倉城跡公園内はコース多数。公園から湯殿川に出て上流に進み、片倉つどいの森公園に回ることもできます。

交通 JR片倉駅、京王片倉駅からいずれも徒歩約5分で片倉城跡公園入口。

□黒川清流公園

日野台地の段丘崖を利用した公園。崖からの湧水を水源にした池にはカルガモ、雑木林ではシジュウカラやエナガ、コゲラなど。春はキビタキのさえずりも聞こえます。冬にはヤドリギの実を求めてレンジャク類がやって来ます。隣接するカワセミハウスで野鳥情報を収集できます。

コース 南端にあるあずまや池から遊歩道沿いにひょうたん池まで。段丘の上部に通じる道もあり、コースは自由に選べます。

交通 JR豊田駅北口より北東へ徒歩約10分で公園の南端。

□小宮公園

コナラ、クヌギなどが茂る都市公園。留鳥ではキジ、アオゲラ、エナガ、春夏はキビタキ、秋冬はシメ、シロハラやルリビタキなど、年間を通して楽しめます。これまでに確認された野鳥は90種余。年間を通して約50種の鳥が観察できます。

コース 管理事務所から弁天池、かわせみの小道から草地広場、再び雑木林に入り、ひよどり沢から管理事務所に戻るなど、多様なコースが設定できます。

交通 JR八王子駅北口から徒歩約25分で小宮公園入口。

※詳細な探鳥スポットの紹介はQRコードからアクセスできます（→P75参照）

□高月水田

秋川と多摩川の合流地、東京都で最大規模の水田地帯で、中央部に高月浄水場があります。水田に水がはられるとダイサギなどのサギ類、秋から冬にはタヒバリやハシボソガラスの群れやモズが採餌する様子が見られます。用水路にはカワセミもやって来ます。冬になると、浄水場の池にはコガモやマガモの他、珍しいカモが渡来することがあります。

コース 舗装された田んぼの農道、秋川・多摩川の堤防を自由に選べます。

交通 JR拝島駅から純心女子学園行きの路線バスで高月集会所前下車徒歩1分。

□長池公園

なだらかな丘陵の中に遊歩道が整備されています。通年、ヤマガラ、エナガ、メジロなど。カワセミも姿を見せます。冬はルリビタキ、ジョウビタキ、シロハラ、ツグミ、アオジなど。初夏にはキビタキの声も。園内の池ではカルガモの他、冬季にはオシドリなどが姿を見せることもあります。

コース 園内には要所をめぐる遊歩道があり、雑木林の中や池の周囲で探鳥できます。季節によって好みのコースがとれます。

交通 京王相模原線京王堀之内駅から「せせらぎ緑道」を徒歩25分。

□長沼公園

高低差100mの丘陵地にあるクヌギやナラの雑木林に覆われた公園。園路もよく整備され、野鳥を見ながら山歩きの雰囲気も楽しめます。コゲラ、アオゲラ、カラ類などは一年中。夏はキビタキ、ウグイスなど。ガビチョウも多くいます。長沼駅ではヒメアマツバメが年間を通して見られます。

コース 長沼口から霧降の道を登り、野猿の尾根道を往復し、頂上園地でトイレ休憩。殿ケ谷の道を下って長沼口へ戻ります。

交通 京王線長沼駅から徒歩約5分で長沼口。

※ここで取り上げる情報は2021年3月現在のものです。

　「カラスは不気味、縁起が悪い！」というイメージをもっている方はいませんか。けれど、よく見てください。あの黒色はとてもきれいなんです。また、カラスはヒナへの愛情も深いことで知られています。嫌いと思っている鳥も、知れば知るほど好きになります。鳥をよく見、よく知るために用意すべきものや心がけてもらいたいことをご紹介します。

1. 双眼鏡を手に入れよう ～近くに見る～

　双眼鏡はバードウォッチングの必需品です。

● 双眼鏡の選び方

　倍率は7～10倍、対物レンズの直径は30mmくらいのものが良いでしょう。持ちやすく、自分の体格に合ったものを、専門店で実際に手にとって選びましょう。

● 双眼鏡の使い方

(1)ストラップの長さを調節して、双眼鏡が胸の少し上にくるようにします。
(2)レンズの幅を目の幅に合わせます。
(3)目で鳥を探し、じっと見つめます。
(4)双眼鏡をゆっくり目につけ、ピントを合わせます。
※左右の視力が大きく違う人は視度調節が必要です。ベテランに相談しましょう。

● 使う時の注意点

(1)太陽や民家を絶対見ないこと！
(2)歩きながら見ないこと！
(3)まず自分の目で鳥を探してから双眼鏡！
(4)手入れをしっかりで長持ち！
☆望遠鏡はベテランになってからでOK

2. 使い勝手の良い図鑑を手に入れよう ～名前を知る～

　鳥の名前が分かると、鳥のことをもっと好きになります。

　本書を使いこなした方には、さらに多くの図鑑を参照していただくことをお勧めします。図鑑には、本書のように写真で説明したものと、図版（絵）を掲載したものがあります。また、これまで日本で見られた600種余りを載せたものもあれば、200～300種くらいに絞って載せたものがあります。持ち運びには本書のようなコンパクトな図鑑を、そして家には全種掲載の図鑑を備えましょう。鳥を見たら図鑑でチェック。このくりかえしが大事です。

3．フィールドノート（メモ帳）を持ち歩こう　〜記録する〜

　その日、その時間、その場所でどんな鳥に出会ったか、どんな特徴、行動だったか、天気は、環境は、誰と一緒だったか、どんなことがあったかなどを記録し、大切なデータを残しておきます。

　自分が使いやすいノートであれば、何でもOKです。この記録を書き溜めて、あなただけの鳥図鑑を作りましょう。

4．自然にマッチした服を選ぼう　〜観察しやすい服を着る〜

　服装は何でもOKですが、長袖・長ズボン、帽子、そしてはきなれた運動靴のセットが理想的です。色は自然にマッチした色合いのものを選ぶほうがいいでしょう。また、小物が入るポケットの多いベストなども役立ちます。荷物はリュックに入れて、両手は必ず空けておきます。

5．マナーを守って観察しよう　〜自然と人への気配り〜

　バードウォッチングにおいて何より大切なことは、鳥を含めた自然と人への気配りです。たとえば、営巣中の鳥に近づくと、鳥は子育てをやめてしまいます。また、鳥を見つけるにはまずは鳴き声からといわれています。大きな声でおしゃべりをしていると、鳴き声が聞こえません。自然は人間だけでなく皆のもの。そんな気持ちをもって観察することが、鳥に親しむ一番の近道です。

6．写真を撮る時の心がけ　〜トラブルを避ける〜

　最近は、野鳥撮影を楽しむ方が多くなりましたが、色々なトラブルも起こっています。次のことを心がけましょう。

- ●鳥に近づきすぎない
- ●同じ場所で長時間ねばらない
- ●子育て中の鳥は特に注意
- ●餌をやったり、鳴き声を流したりしない
- ●公園、車道などで道をふさがない
- ●他のカメラマンにも気を配る
- ●人や民家にレンズを向けない

7．マイ・フィールドをもとう

　鳥に親しみ、鳥のことをもっと知るには、自分の家の近くの公園などをマイ・フィールドにして、どんどん出かけましょう。

用　語　解　説

**大
き
さ**

全長（ぜんちょう） 体を伸ばした状態でのクチバシの先端から尾の先までの長さ。

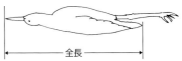

全長

翼開長（よくかいちょう） 両方の翼を開いた状態での翼の先端から先端までの長さ。

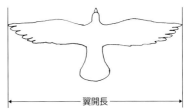

翼開長

ものさし鳥（ものさしどり） スズメ、ムクドリ、キジバト、カラスなど野鳥を見分けるときに大きさの基準になる身近な鳥。

**行

動**

縄張り（なわばり） 食べ物をとったり、繁殖したりするため、同種の他の個体の侵入を許さない一定の区域。テリトリーともいう。その地域を確保するために独特の鳴き声、行動をとることがある。

繁殖期（はんしょくき） つがいの形成から、巣立ち後のヒナの世話まで繁殖に関わる全期間。

営巣（えいそう） 卵を産んでヒナを育てるために巣をつくること。

托卵（たくらん） 自分では巣をつくらずに、他の鳥の巣に卵を産み、ヒナを育てさせること。

コロニー 鳥が集団で繁殖すること。またはその場所。

集団ねぐら（しゅうだんねぐら） 鳥が集団で夜を過ごすこと。またはその場所。

混群（こんぐん） 種類の違う鳥が何種類か混じっている群れのこと。

ホバリング 翼を高速で羽ばたかせ、空中の同じ場所にとどまり続ける飛び方。獲物を狙うときなどによく行われ、停空飛翔ともいう。

**分
類**

日本固有種（にほんこゆうしゅ） 日本にしか生息しない種。

外来種（がいらいしゅ） もともと日本には生息していなかったが、人間の活動により外国から持ち込まれた種。

生活型

夏鳥（なつどり）　春に日本より南の地域から渡ってきて繁殖し、秋には南の地域に渡って冬を過ごす鳥。

冬鳥（ふゆどり）　秋に日本より北の地域から渡ってきて冬を越し、春には北の地域へ戻り繁殖する鳥。

旅鳥（たびどり）　日本より北で繁殖し、日本より南で越冬する鳥。渡りの途中に日本で見られる。

留鳥（りゅうちょう）　季節による移動をせず、1年を通じて同じ地域に生息する鳥。

羽毛

夏羽（なつばね）　繁殖期の羽。

冬羽（ふゆばね）　繁殖期の後に生ずる羽。

換羽（かんう）　羽毛が生え換わること。

幼鳥（ようちょう）　ふ化して羽毛が生え揃った後、最初に羽が生え換わるまでの時期にある鳥。

成鳥（せいちょう）　成長して羽毛と外見が変化しなくなった鳥。

横斑（おうはん）　頭と尾を結ぶ線と直角になる斑状の模様。

縦斑（じゅうはん）　頭と尾を結ぶ線と平行な斑状の模様。

過眼線（かがんせん）　目の前から後方に入る線状または帯状の模様。

眉斑（びはん）　目の上を前後方向に入る線状または帯状の模様。

冠羽（かんう）　頭部に生えた周囲の羽より長く伸びた羽毛。

鳴き声など

さえずり　主として繁殖期に鳴く声。縄張り宣言や異性への求愛の意味を持つ。オスが主にさえずり、地鳴きに比較すると長く複雑な声。

地鳴き（じなき）　さえずり以外の声。警戒や連絡など同種間の呼びかけであることが多く、さえずりに比較して単調で短い。

聞きなし（ききなし）　鳥の鳴き声を人が使う言葉に置き換えたもの。

ソングポスト　見通しのよい特定の枝や木の頂きなど、頻繁にさえずりを行う場所。

ドラミング　鳴き声によらない音によるコミュニケーションのこと。キツツキ類が木の幹などをくちばしで激しく叩く「タラララ…」という音や、ほろ打ちが含まれる。

ほろ打ち　キジやヤマドリが翼を激しく羽ばたかせて「ドドド…」という大きな音を出すこと。

鳥の各部位の名称

Ⓐ 耳羽（じう）
Ⓑ 腮（さい）
Ⓒ 肩羽（かたばね）
Ⓓ 小雨覆（しょうあまおおい）
Ⓔ 中雨覆（ちゅうあまおおい）
Ⓕ 大雨覆（おおあまおおい）
Ⓖ 小翼羽（しょうよくう）
Ⓗ 初列雨覆（しょれつあまおおい）
Ⓘ 三列風切（さんれつかざきり）
Ⓙ 次列風切（じれつかざきり）
Ⓚ 初列風切（しょれつかざきり）
Ⓛ 上尾筒（じょうびとう）
Ⓜ 下尾筒（かびとう）
Ⓝ 尾羽（おばね）
Ⓞ 跗蹠（ふしょ）

【全身図】

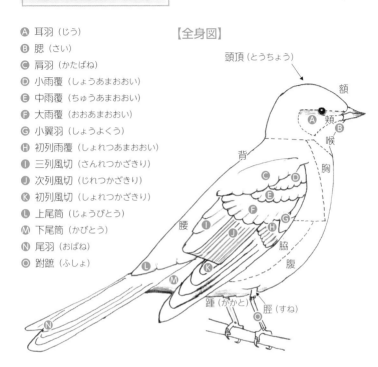

頭頂（とうちょう）
額
頬
喉
胸
背
腰
脇
腹
踵（かかと）
脛（すね）

【頭部図】

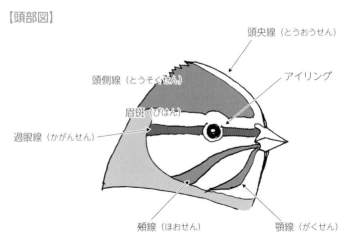

頭央線（とうおうせん）
頭側線（とうそくせん）
アイリング
眉斑（びはん）
過眼線（かがんせん）
頬線（ほおせん）
顎線（がくせん）

参 考 文 献

「フィールドガイド 日本の野鳥 増補改訂新版」高野伸二（日本野鳥の会）2015

「フィールド図鑑 日本の野鳥 第2版」水谷高英・叶内拓哉（文一総合出版）2020

「山渓ハンディ図鑑7 新版 日本の野鳥」叶内拓哉・安部直哉・上田秀雄（山と渓谷社）2014

「決定版 日本の野鳥 650」真木広造・大西敏一・五百澤日丸（平凡社）2014

「新訂 日本の鳥 550 山野の鳥」五百沢日丸・山形則男・吉野俊幸（文一総合出版）2014

「日本の鳥 550 水辺の鳥 増補改訂版」桐原政志・山形則男・吉野俊幸（文一総合出版）2009

「ぱっと見わけ観察を楽しむ野鳥図鑑」石田光史・樋口広芳（ナツメ社）2015

「自然散策が楽しくなる！見わけ・聞きわけ野鳥図鑑」叶内拓哉（池田書店）2018

「街・野山・水辺で見かける野鳥図鑑」柴田佳秀・樋口広芳（日本文芸社）2019

「日本鳥類目録 改訂第7版」日本鳥学会（日本鳥学会）2012

「山渓名前図鑑 野鳥の名前」安部直哉・叶内拓哉（山と渓谷社）2008

「野鳥用語小辞典」唐沢孝一（ニューサイエンス社）1984

「鳥のおもしろ私生活」ピッキオ（主婦と生活社）1997

「はじめよう！バードウォッチング」秋山幸也・神戸宇孝（文一総合出版）2014

「高尾山野鳥観察史」清水徹男（けやき出版）2012

「数え上げた浅川流域の野鳥Ⅲ」八王子・日野カワセミ会（八王子・日野カワセミ会）2016

「八王子市・日野市鳥類目録」八王子・日野カワセミ会（八王子・日野カワセミ会）2016

さらに詳しく知るために

　　次の方法で、野鳥の鳴き声を再生したり、詳細な探鳥ス
ポット案内図を表示したりすることができます。

❶ QRコードからサイトにアクセス

1. 「野鳥の鳴き声」または「探鳥スポット案内図」
   のQRコードを読み取ります。

野鳥の鳴き声

2. カワセミ会ホームページにある野鳥の鳴き声一
   覧、または探鳥スポット案内一覧のサイトが表示
   されます。

3. 聞きたい野鳥の名前、見たい探鳥スポット案内図
   を選択します。

探鳥スポット案内図

❷ 八王子・日野カワセミ会のホームページにアクセス

1. 「八王子・日野カワセミ会」で検索。もしくは「http://kawasemi.
   main.jp」にアクセスします。

2. 「野鳥図鑑」を選択し、さらに「図鑑・鳴き声」または「図鑑・探鳥
   スポット」を選択することで、目的のサイトにアクセスできます。

索　引